漫谈标准化生产与质量安全控制

（水产养殖篇）

◎ 北京市农产品质量安全中心　编

中国农业科学技术出版社

编者名单

主　编： 王全红　　刘希艳

编写人员：（按姓氏笔画排序）

王全红　　王　梁

刘希艳　　邢天琪

李小凤　　沙品洁

李　琳　　肖　帅

吴文钢　　黄　健

前　　言

　　本书从"全程标准化管控"角度出发，深入解读了DB11/T 2012—2022淡水鱼养殖质量安全控制规范，针对淡水活鱼养殖现状和生产实际，用巧记顺口溜的方式，帮助受众记住淡水鱼养殖质量安全的关键环节和控制点，包括产前产地环境、苗种采购、投入品管理，产中养殖管理、病害防控、投入品使用，产后捕捞、质量安全检测、包装材料、溯源管理，以及通用环节人员管理、视频监控、养殖过程检查、记录管理等14个控制要素33个控制点。

编　者

2022 年 11 月

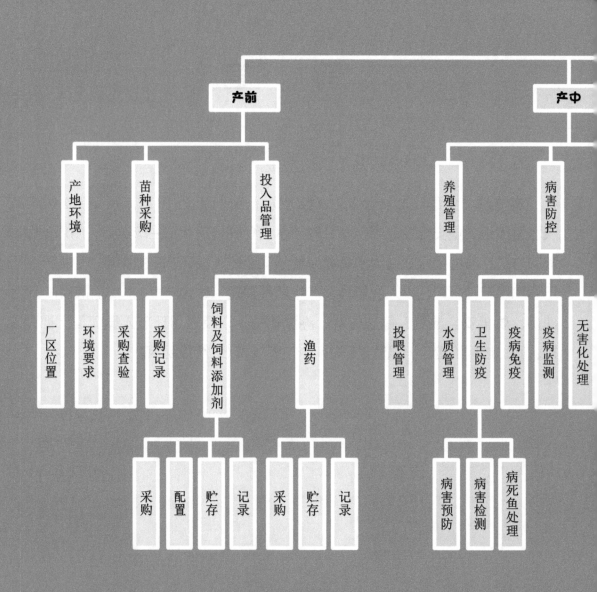

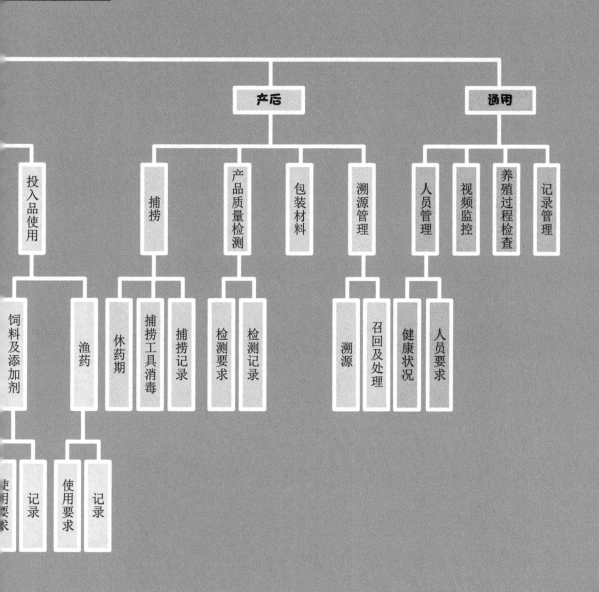

量安全控制

产后

通用

投入品使用

捕捞

产品质量检测

包装材料

溯源管理

人员管理

视频监控

养殖过程检查

记录管理

饲料及添加剂

渔药

休药期

捕捞工具消毒

捕捞记录

检测要求

检测记录

溯源

召回及处理

健康状况

人员要求

使用要求

记录

使用要求

记录

巧记
淡水活鱼保安全，
人员管理要严格，
基地远离污染源，
饲料渔药投入品，
四定投喂建记录，
饲料使用要规范，
渔药使用按说明，
捕获注意休药期，
产品检测很必要，
追溯制度应建立，
生产记录要规范，
全程管理有标准，

口溜

殖全程要规范。

训上岗投生产。

殖用水要安全。

入管理一定严。

防监测是难点。

禁物质不乱添。

后要把记录填。

具消毒不能免。

过食安标准关。

回处理常演练。

录至少存两年。

鱼质量可溯源。

2.培训后上岗
养殖场生产及质量安全管控人员应具备相应的质量安全管理和技术能力，并考核合格。

产前——产地环境

基地远离污染源

本书提到的所有标准记得及时查新，随着标准的更新，请以最新版为准哦！

养殖用水要安全

养殖场周边没有对其养殖产生影响的污染源。养殖用水的相关指标应符合GB 11607渔业水质标准的相关要求，并定期对养殖用水相关指标进行监测；养殖池无有毒有害物质，具有防渗功能。

产前——苗种采购

苗种采购查证件

检疫合格

（1）采购查验
应从具有水产苗种生产许可证、水产苗种产地检疫合格证的苗种场或良种场购买苗种。
（2）采购记录
采购时，应建立苗种采购记录。

（1）严把饲料关，霉变有风险

——采购。应从正规渠道购买饲料和饲料添加剂，饲料原料和配合饲料应无发霉、变质、结块、异味；采购时，应查验相关证明文件，到货后应进行入库管理，入库时按批次做好留样。

——配制。养殖场自行生产配合饲料时，应如实记录配合饲料的配方，所生产的饲料应符合SC/T 1077渔用配合饲料通用技术要求。

——贮存。应设置饲料、饲料添加剂和原材料贮存专用仓库，并配备专人管理；应控制库房内温度和湿度，防止饲料等发霉变质；不同种类饲料应分类存放，标识清晰；贮存期间应做好防护，防止虫、鼠、微生物及有毒物的污染。应按照先进先出的原则，做好出库管理。

——记录。应做好采购记录。

出入管理一定严

正规渠道

出入管理一定严

（2）严把渔药关，做到两个专

——采购。应从正规渠道购买渔（兽）药；采购时，应查验相关生产许可证、批准文号或进口渔（兽）药注册证书等证明材料。

——贮存。应设置渔（兽）药贮存专用库房，明确专人管理；库房应配备药品货架、药品柜、冰箱等专用贮存设施设备；药品应按产品标签、说明书规定摆放整齐，药品标识应清晰。应按照先进先出的原则，做好出库管理，及时清理过期药品。

——记录。应做好采购记录。

13

（1）投喂牢记"三"和"四"
三看：看天、看水、看鱼状态；
四定：定时、定点、定量、定质；
应建立水产养殖记录。

饵足水好很关键

（2）溶氧氨氮亚硝酸
根据实际生产需要定期测定水质、水生生物、淡水鱼生长等情况。定时巡视养殖水体，监测水域情况，及时清除敌害生物。检查养殖鱼类摄食、生长及病害情况，发现问题及时采取措施，并做好记录。池塘养殖尾水应经过处理后排放，排放水质应符合SC/T 9101淡水池塘养殖水排放要求。

产中——病害防控

（1）消毒隔离防鱼病
苗种入池前应进行消毒处理，宜设暂养池进行隔离观察，隔离期后再进行常规养殖。鱼类常发病季节，应针对常发疾病采取水质调控、水质消毒等方式预防病害发生。

（2）定期监测记录填
应定期开展病害监测，特别是在病害高发期，养殖场应按照SC/T 7103水生动物产地检疫采样技术规范的要求采样，并建立病害监测记录。
（3）无害处理病不传
应按照SC/T 7015染疫水生动物无害化处理规程的要求及时处理病死鱼，不应用作饲料，并建立病死鱼生物安全处理记录。

底质改良剂

（1）民以食为天，鱼以料为先

——使用要求。应按照标签或产品使用说明使用饲料和饲料添加剂；不应使用过期、变质的饲料和饲料添加剂；饲料添加剂使用应符合《饲料添加剂使用规范》；获得绿色、有机认证的应执行相应标准。

——记录。应建立投入品使用记录。

（2）鱼儿得了病，用药有禁令

——使用要求。使用药物治疗时，应按SC/T 1132鱼药使用规范的规定执行，使用经国家批准的渔（兽）药，按产品说明书的要求使用，严格执行休药期，不应违规使用药物。

——记录。使用渔（兽）药后应填写投入品使用记录。

捕获注意休药期

（1）休药积温关时间
应根据养殖品种、用药种类、温度等确定休药期，严格执行休药期，休药期后方可捕捞上市。

（2）消毒卫生很关键
捕捞工具应做好消毒处理，保持清洁卫生。

休药期

工具消毒不能免

（3）捕捞记录及时填
应做好捕捞记录。

21

产后——产品质量检测

产品检测很必要

实验室

（1）自主检测保安全
应对即将上市的水产品进行质量安全自检或委托检测，产品质量应符合相关标准。
（2）检测记录要规范
应建立淡水鱼产品自检或委托检测记录。

产后——包装材料

包装材料应环保、无毒、无挥发性有害物质产生。淡水鱼包装应符合SC/T 3035水产品包装、标识通则的规定。

24

活鱼运输车

25

（1）溯源

应建立追溯制度，如实记录生产过程，采取有效手段对产品进行溯源。

（2）召回及处理

应建立产品召回制度，不合格的产品应及时召回，并进行相应处理。

视频监控

养殖场宜安装视频监控系统，监控淡水鱼养殖过程，强化过程管理。

28

养殖过程检查

定期要把过程查，规范生产排隐患

淡水活鱼生产安全

······

饲料

隐患

渔药

记录管理

生产记录要规范，记录至少存两年

宜安排专人负责记录管理，定期收集各环节的生产和质量安全记录，并对照相关要求检查记录填写的完整性、规范性，妥善保存不少于2年。记录宜建立电子档案。

图书在版编目（CIP）数据

漫谈标准化生产与质量安全控制 . 水产养殖篇 / 北
京市农产品质量安全中心编 . -- 北京：中国农业科学技
术出版社，2022.11
　　ISBN 978-7-5116-6080-0

　　Ⅰ.①漫⋯　Ⅱ.①北⋯　Ⅲ.①水产养殖－标准化 ②水
产养殖－质量控制－标准化　Ⅳ.①S3

中国版本图书馆 CIP 数据核字（2022）第 235071 号

责任编辑　任玉晶
责任校对　李向荣
责任印制　姜义伟　王思文

出 版 者　中国农业科学技术出版社
　　　　　北京市中关村南大街 12 号　　邮编：100081
电　　话　（010）82106641（编辑室）　（010）82109702（发行部）
　　　　　（010）82109709（读者服务部）
传　　真　（010）82106650
网　　址　https://castp.caas.cn
经 销 者　各地新华书店
印 刷 者　北京建宏印刷有限公司
开　　本　180 mm×195 mm　1/24
印　　张　1.5
字　　数　78 千字
版　　次　2022 年 11 月第 1 版　2022 年 11 月第 1 次印刷
定　　价　48.00 元（全三册）

漫谈标准化生产与质量安全控制

（蔬菜种植篇）

◎ 北京市农产品质量安全中心　编

中国农业科学技术出版社

编者名单

主　编： 王全红　　刘希艳

编写人员：（按姓氏笔画排序）

王全红　　王　梁

刘希艳　　邢天琪

李小凤　　沙品洁

李　琳　　肖　帅

吴文钢　　黄　健

前　言

　　本书从"全程标准化管控"角度出发，深入解读了DB11/T 2013—2022蔬菜生产质量安全控制规范，针对蔬菜种植现状和生产实际，用巧记顺口溜的方式，帮助受众记住蔬菜生产质量安全的关键环节和控制点，包括从产前产地环境、种植计划、品种管理、育苗管理、投入品管理，产中田间管理、投入品使用、废弃物和污染物处置，产后产品采收、产品质量检测、筛选分级、包装标识、贮藏运输、溯源管理，以及通用环节人员管理、视频监控、生产过程检查、记录管理等18个控制要素39个控制点。

编　者

2022 年 11 月

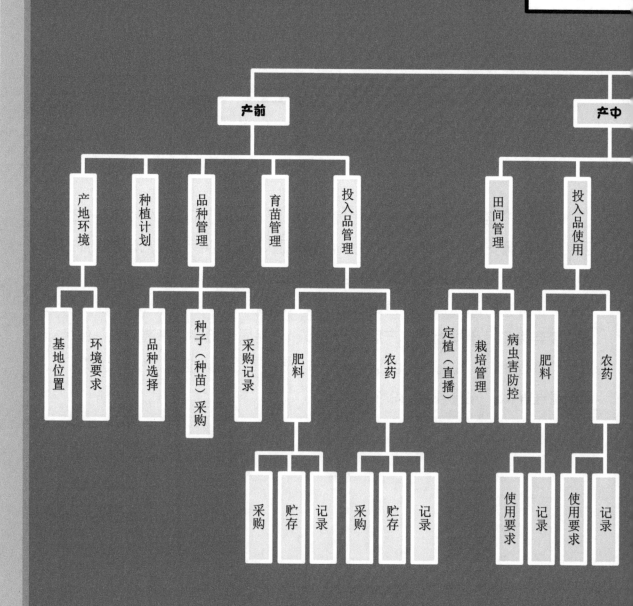

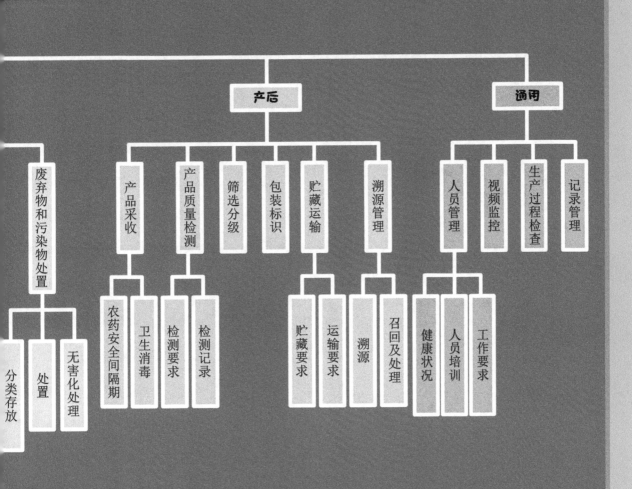

全控制

产后

通用

废弃物和污染物处置

产品采收

产品质量检测

筛选分级

包装标识

贮藏运输

溯源管理

人员管理

视频监控

生产过程检查

记录管理

分类存放

处置

无害化处理

农药安全间隔期

卫生消毒

检测要求

检测记录

贮藏要求

运输要求

溯源

召回及处理

健康状况

人员培训

工作要求

巧记

蔬菜产品保安全，
人员管理要严格，
种植计划早确定，
因地制宜选品种，
肥料农药投入品，
肥料使用要规范，
植株残体废弃物，
蔬菜采收讲卫生，
做好筛选和分级，
包装材料须无害，
追溯制度应建立，
生产记录要规范，
全程管理有标准，

口溜

植全程要规范。

土空气要安全。

理轮作有指南。

育壮苗保丰产。

入管理一定严。

限农药有名单。

害处理病不传。

药间隔关安全。

质优价才赚钱。

识张贴应规范。

回处理常演练。

录至少存两年。

菜质量可溯源。

人员管理

1. 身体要健康
生产管理和操作人员应无传染性疾病，每年宜至少进行1次健康检查，合格后方可上岗。

2.培训后上岗
应对基地内从事植保、施肥等工作的技术人员进行专业的技术培训，并考核合格。

3.要把卫生讲
不同生产区域宜专人负责，进入生产区域前，鞋底宜消毒，防止带入土传病害；生产工具不宜交叉混用，宜擦拭清洁，定期消毒。

基地远离污染源

灌溉用水应符合GB 5084农田灌溉水质标准相关要求，土壤应符合GB 15618土壤环境质量农用地土壤污染风险管控标准相关要求，空气应符合GB 3095环境空气质量标准二级浓度限值相关要求，并定期监测。

绿色、有机认证的，应符合NY/T 391绿色食品产地环境质量、GB/T 19630有机产品 生产、加工、标识与管理体系要求。

水土空气要安全

本书提到的所有标准要及时查新，以最新版为准哦！

结合本地区的气候特点和生产条件，基地应制定种植计划，合理轮作。

要想发，种杂花。
要想富，地里开个杂货铺。

因地制宜选品种

（1）先试种，再推广

了解当地的消费需求。先少量试种，再大面积推广。

因地制宜，种植前要详细了解该品种对气候、土壤、湿度、光照等环境因素的适应能力，尽量从与本地自然条件相似的地区引进，以增大保险系数。

（2）种子（苗）好，植株壮

应从具有种子经营许可证的经销部门购买符合要求的种子或从专业育苗基地购买健壮、无病虫害和机械损伤的种苗。

由外地调运的种子（苗）应有产地主管部门出具的检疫合格证明。

（1）严把肥料关，自制有风险

——采购。宜从正规渠道购买肥料，采购时应查验肥料的标签、产品质量检验合格证等。使用自堆沤有机肥的，质量检验合格后，方可使用。

——贮存。应设置肥料贮存专用仓库或区域，分类存放，标识清晰。贮存按照先进先出的原则，做好出入库管理。

——记录。应做好采购记录。

营养剂

杀虫

出入管理一定严

（2）严把农药关，做到两个专

——采购。应从正规渠道购买农药，购买后应索取购药凭证或发票。

——贮存。应设置农药贮存专用场所，并配备专人管理。药品应分类整齐摆放、标识清晰。不与种苗、肥料、采后产品等混放。按照先进先出的原则，做好出入库管理，及时清理过期药品。

——记录。应做好采购记录。

13

定植栽培防病虫

（1）优选壮苗，合理密植
选择整齐一致、健壮、不携带病虫、生长良好的
种苗定植，合理密植；或根据蔬菜种子特性，进
行处理，直播。

田间管理要规范

（2）栽培管理，因菜而异

根据蔬菜不同生长期的特性，进行环境控制、水肥、植株调整等管理。

（3）预防为主，综合防治

坚持预防为主，综合防治。宜优先采用农业防治、物理防治和生物防治。

（1）民以食为天，菜以肥为先

——使用要求。蔬菜生长过程中的施肥应符合NY/T 496肥料合理使用准则通则的相关要求。经过绿色、有机认证的基地，肥料使用时应符合NY/T 394绿色食品肥料使用准则、GB/T 19630有机产品生产、加工、标识与管理体系要求。

——记录。施肥操作应进行记录。

（2）蔬菜得了病，用药有禁令

——使用要求。应按照农药产品登记的防治对象和用药安全间隔期，选择适宜的农药，农药使用应符合GB/T 8321农药合理使用准则(所有部分)和NY/T 1276农药安全使用规范总则的要求。经过绿色、有机认证的基地，农药使用时应符合NY/T 393绿色食品农药使用准则、GB/T 19630有机产品 生产、加工、标识与管理体系要求。

——记录。应建立农药使用记录。

产中——废弃物和污染物处置

植株残体废弃物

（1）分类存放

对不同类型废弃物和污染物进行分类，设置专门的存放点。

（2）及时处置

生产活动中产生的废弃物与污染物应及时清理，保持生产区域清洁。

无害处理病不传

（3）无害处理
应收集植物残体等废弃物进行无害化处理；收集包装废弃物进行回收处理；建立并保留废弃物和污染物处理记录。

产后——产品采收

蔬菜采收讲卫生，用药间隔关安全

（1）安全间隔期
蔬菜产品采收应符合农药安全间隔期的规定。
（2）卫生消毒
采收前，采收人员应进行手部清洗。采收工具(剪子、刀、修枝剪、容器等）、采收设备（机械）应定期清洁、消毒。

产后——产品质量检测
产品检测很必要，需过食安标准关

（1）自主检测保安全
应对即将上市的蔬菜进行质量安全自检或委托检测，产品质量应符合相关标准。
（2）检测记录要规范
应建立蔬菜产品自检或委托检测记录。

产后——筛选分级
——做好筛选和分级，优质优价才赚钱

剔除机械损伤、黄叶、病叶、病果，根据蔬菜产品的色泽、形态、规格等指标进行筛选分级。

5元/斤

3元/斤

1元/斤

3元/斤

产后——包装标识
包装材料须无害，标识张贴应规范

包装材料应环保、无毒、无挥发性有害物质产生。包装过程中应剔除异物。蔬菜包装材料和标识应符合NY/T 1655 蔬菜包装标识通用准则要求。

产后——贮藏运输

（1）贮藏

根据产品贮藏要求，做好贮藏场所的温度、湿度及通风管理，保持清洁卫生并定期消毒。

（2）运输

根据产品运输要求，做好运输车辆的温度、湿度及通风管理，保持清洁卫生并定期消毒。

温湿管理很关键

产后——溯源管理

追溯制度应建立

（1）溯源
应建立追溯制度，如实记录生产过程，采取有效手段对产品进行溯源。

（2）召回及处理
应建立产品召回制度，不合格的产品应及时召回，并进行相应处理。

追溯码　　　　追溯码　　　　追溯码

视频监控

生产基地宜安装视频监控系统，监控蔬菜生产过程，强化过程管理。

28

生产过程检查

定期要把过程查，规范生产排隐患

隐患

蔬菜生产质
量安全

农药

化肥

记录管理
生产记录要规范，记录至少存两年

宜安排专人负责记录管理，记录填写应真实、完整、规范，妥善保存不少于2年。宜建立电子档案。

20xx年x月x日

图书在版编目（CIP）数据

漫谈标准化生产与质量安全控制．蔬菜种植篇 / 北
京市农产品质量安全中心编．-- 北京：中国农业科学技
术出版社，2022.11
　　ISBN 978-7-5116-6080-0

Ⅰ.①漫…　Ⅱ.①北…　Ⅲ.①蔬菜园艺—标准化 ②蔬
菜园艺—质量控制—标准化　Ⅳ.①S3

中国版本图书馆 CIP 数据核字（2022）第 235070 号

责任编辑　任玉晶
责任校对　李向荣
责任印制　姜义伟　　王思文

出　版　者　中国农业科学技术出版社
　　　　　　北京市中关村南大街 12 号　　邮编：100081
电　　　话　（010）82106641（编辑室）　（010）82109702（发行部）
　　　　　　（010）82109709（读者服务部）
传　　　真　（010）82106650
网　　　址　https:// castp.caas.cn
经　销　者　各地新华书店
印　刷　者　北京建宏印刷有限公司
开　　　本　180 mm×195 mm　1/24
印　　　张　1.5
字　　　数　78 千字
版　　　次　2022 年 11 月第 1 版　2022 年 11 月第 1 次印刷
定　　　价　48.00 元（全三册）

漫谈标准化生产
与质量安全控制
（畜禽养殖篇）

◎ 北京市农产品质量安全中心　编

中国农业科学技术出版社

编者名单

主　　编： 王全红　　刘希艳

编写人员：（按姓氏笔画排序）

王全红　　王　梁

刘希艳　　邢天琪

李小凤　　沙品洁

李　琳　　肖　帅

吴文钢　　黄　健

前　言

  本书从"全程标准化管控"角度出发，深入解读了 DB11/T 2014—2022 畜禽养殖质量安全控制规范，针对畜禽养殖现状和生产实际，用巧记顺口溜的方式，帮助受众记住畜禽养殖质量安全的关键环节和控制点，包括从产前产地环境、畜禽引种、投入品管理，产中养殖管理、疫病防控、投入品使用，产后产品收集、包装贮运、产品质量安全检测、溯源管理，以及通用环节人员管理、视频监控、养殖过程检查、记录管理等 14 个控制要素 41 个控制点。

编　者

2022 年 11 月

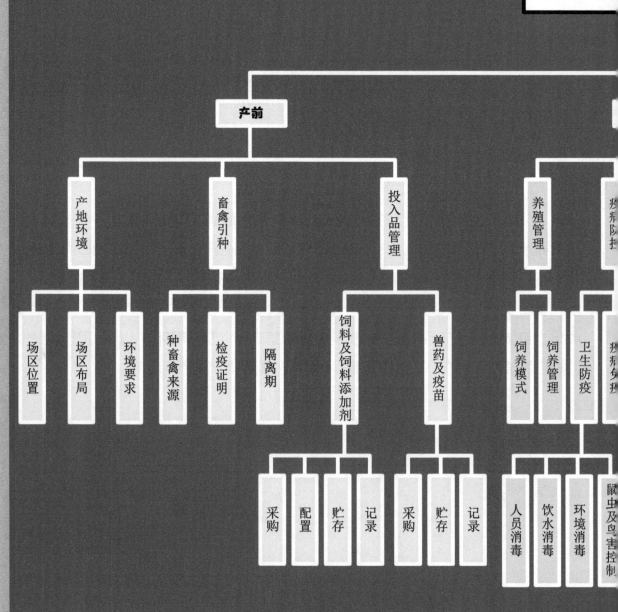

畜禽养殖

产前

产地环境
　场区位置
　场区布局
　环境要求

畜禽引种
　种畜禽来源
　检疫证明
　隔离期

投入品管理
　饲料及饲料添加剂
　　采购
　　配置
　　贮存
　　记录
　兽药及疫苗
　　采购
　　贮存
　　记录

养殖管理
　饲养模式
　饲养管理
　卫生防疫
　　人员消毒
　　饮水消毒
　　环境消毒
　　鼠虫及其害控制

疫病防控
　疫病免疫

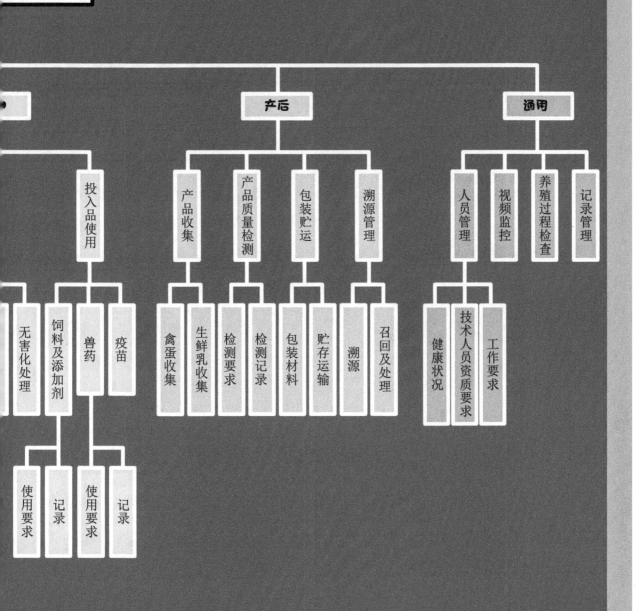

安全控制

产后

通用

投入品使用

产品收集

产品质量检测

包装贮运

溯源管理

人员管理

视频监控

养殖过程检查

记录管理

无害化处理

饲料及添加剂

兽药

疫苗

禽蛋收集

生鲜乳收集

检测要求

检测记录

包装材料

贮存运输

溯源

召回及处理

健康状况

技术人员资质要求

工作要求

使用要求

记录

使用要求

记录

巧记

畜禽产品保安全,
人员管理要严格,
产地环境投入品,
饲料兽药和疫苗,
饲养最好分群段,
疫病防控是难点,
饲料使用要规范,
兽药使用听兽医,
产品收集需注意,
包装材料须无害,
追溯制度应建立,
生产记录要规范,
定期要把过程查,
全程管理有标准,

□溜

殖全程要规范。

病上岗会传染。

禽引种三证全。

入管理一定严。

进全出才保险。

毒免疫很关键。

禁物质不乱添。

症下药心才安。

毒卫生不能免。

存运输有条件。

回处理常演练。

录至少存两年。

范生产排隐患。

禽质量可溯源。

人员管理

1.身体要健康
养殖从业人员应身体健康，无相应传染病，每年进行健康检查1次，取得相关健康证明。奶牛场工作人员健康卫生状况应符合GB/T 16568奶牛场卫生规范的相关规定。

2.持证来上岗

从事动物诊疗，开具处方、填写诊断书、出具有关证明文件的技术人员应取得相应资质证书，从事质量安全相关的人员应经过培训且考核合格。

3.串门不提倡

进入生产区，应按照养殖场生物安全防疫要求执行。每栋养殖舍（区）宜固定专人饲养，配备固定工具，饲养人员不宜串栋，工具不宜交叉使用。

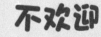

不欢迎

产前——产地环境

养殖场周边没有对养殖产生污染的污染源。场区布局应符合NY/T 682畜禽场场区设计技术规范的规定。产地环境质量应符合NY/T 388畜禽场环境质量标准的要求，并定期对畜禽场舍区空气、饮用水指标进行监测。

生产区

生活管理区

风向

6

务必远离污染源

隔离区

本书提到的所有标准记得及时查新，随着标准的更新，请以最新版为准哦！

产前——畜禽引种

畜禽引种很关键

（1）来路一定要"证"
引进的种畜禽应来源于有《种畜禽生产经营许可证》和《动物防疫条件合格证》的种畜禽场，生长发育良好、符合品种特征。境外引种应符合国家出入境等相关规定。

各项证明齐全！

（3）隔离期看大小
引进的畜禽经消毒处理后方可进入养殖场隔离区，猪、牛、羊等中大型动物隔离期为45天，禽类、兔等小型动物隔离期为30天，确认健康合格后，方可供繁殖、生产使用。

来自非疫区哦！

我们身体健康！

（2）检疫必须合格
引进的种畜禽应附有检疫合格证明。

9

（1）严把饲料关，霉变有风险

——采购。采购的饲料和饲料添加剂应在农业农村部《饲料原料目录》和《饲料添加剂品种目录》范围内，来自取得经营资质的生产单位或经销商。饲料原料和配合饲料应无发霉、变质、结块、异味，卫生指标符合GB 13078饲料卫生标准的要求。采购时，应查验相关证明文件，到货后应进行入库管理，入库时按批次做好留样。

——配制。养殖场自行生产配合饲料时，应符合相关质量标准并如实记录配方。

出入管理一定严

——贮存。应设置贮存专用库房，明确专人管理；控制库房内温度和湿度，防止饲料等发霉变质；不同种类饲料应分类存放，标识清晰；贮存期间应做好防护，防止虫、鼠、微生物及有毒物的污染。应按照先进先出的原则，做好出库管理。

——记录。应做好采购记录。

（2）严把兽药关，做到两个专

——采购。应购于具有相应资质的生产单位或经销商；兽药质量应符合《兽药质量标准》。到货后应进行入库管理，入库时按批次进行留样。

——贮存。应设置兽药、疫苗贮存专用药房，明确专人管理；药房应配备药品货架、药品柜、冰箱等专用贮存设施设备；药品应按产品标签、说明书规定要求整齐摆放、标识清晰。应按照先进先出的原则，进行出库管理，并及时清理过期药品。

出入管理一定严

记录。应做好采购记录。

产中——养殖管理

饲养最好分群段

种猪班

育肥班

（2）管理不随便
饲养过程中控制畜禽栋舍温湿度、通风，及时清除粪便、污水，随时观察畜禽健康状态。应建立生产记录。

14

全进全出才保险

毕业班

15

消毒免疫很关键

（1）卫生防疫控风险

——人员消毒。饲养及工作人员严格按照场区消毒程序消毒后方可进入饲养区、栋舍。

——饮水消毒。选用国家许可使用的动物饮用水消毒剂，定期对畜禽饮用水进行消毒，并建立消毒记录。

——环境消毒。定期对场区、栋舍设备设施、用具、库房等进行清扫和消毒并填写消毒记录，每批畜禽出栏后，应对栋舍进行全面清扫消毒。

——鼠虫及鸟害控制。应选用安全的抗寄生虫药物、灭蝇药、灭鼠药定期对畜禽群体和畜禽场进行驱虫、灭蝇、灭鼠，及时收集死鼠和残余药品，并进行无害化处理。畜禽舍应安装防鸟网、挡鼠板等设备设施，防止鸟类等动物入侵。

（2）疫病免疫防病染

应结合当地动物疫病流行情况，制定合理的免疫程序，在当地动物防疫部门指导下计划免疫。疫苗应按说明书使用，接种后检测免疫抗体效果，加施免疫标识，录入免疫信息，并建立免疫记录。

（3）疫病检测守规范

应在当地动物防疫部门指导下定期进行疫病检测，并建立疫病检测记录。发生疫病或疑似传染病时，应根据疫病性质采取措施并向有关部门报告。养殖场应配合当地动物卫生监督机构或动物疫病预防控制机构进行疫病监测、监督检查及流行病学调查。

消毒免疫很关键

（4）无害处理病不传
非重大动物疫情死亡的畜禽应及时送至病死动物处理点，进行无害化处理，并建立无害化处理记录。粪污无害化处理应参照GB/T 36195畜禽无害化处理技术规范的要求进行。发生重大动物疫情的畜禽场应配合相关部门按照法律法规要求进行隔离、扑杀、销毁等。

22

対症下药才心安

（1）民以食为天，畜（禽）以料为先

——使用要求。应按照标签或产品使用说明使用饲料和饲料添加剂；不应使用过期、变质的饲料和饲料添加剂；饲料添加剂使用应符合《饲料添加剂使用规范》；获得绿色、有机认证的应执行相应标准。

——记录。应建立投入品使用记录。

饲料

产中——投入品使用

畜禽用药听兽医

（2）畜禽得了病，用药有禁令

——使用要求。应按照说明书的内容（药理作用、适应症、用法与用量、不良反应、注意事项、休药期）或执业兽医的处方用药，并严格执行休药期；不应使用假劣兽药；不应使用过期、变质的药物或人用药物；不应将原料药直接添加到饲料及饮用水中或者直接饲喂；不应将抗生素直接添加到饲料及饮用水中或者直接饲喂畜禽用于疫病预防；获得绿色、有机认证的应执行相应标准。

——记录。使用兽药后应填写投入品使用记录，并同步建立诊疗记录。

（3）防病要趁早，科学打疫苗
应按规定使用疫苗对畜禽生长生产过程中的动物疫病进行免疫，并填写投入品使用记录。

25

产后——产品收集
产品收集需注意，消毒卫生不能免

（1）一颗放心蛋，和洗手有关

集蛋前，集蛋人员应洗手消毒，盛放禽蛋的用具、运输工具也应消毒。集蛋过程中应清除蛋壳表面污物，消毒后运到蛋库保存。

（2）一杯安心奶，挤奶很关键

挤奶前应确保挤奶设备清洁卫生，对畜体逐一做健康检查，温水清洗乳房后用干净毛巾擦干；病畜奶或抗生素奶应单独存放；挤奶后应对乳头进行药浴消毒，并对挤奶设备进行彻底清洗消毒。

产后——质量安全检测
产品检测很必要，需过食安标准关

（1）自主检测保安全
应对即将上市的禽蛋、生鲜乳等畜禽产品进行质量安全自检
或委托检测，产品质量应符合相关标准。
（2）检测记录要规范
应建立畜禽产品自检、委托检测记录。

产后——包装贮运
包装材料须无害，贮存运输有条件

（1）包装材料

禽蛋包装材料应环保、无毒、无挥发性有害物质产生。

（2）贮存运输

生鲜乳的贮存、运输应符合DB 11/T 868生鲜乳贮运技术规范的要求，贮奶间、贮奶罐及其附属设备应保持清洁卫生。禽蛋应贮存在具有温控设施设备的专用蛋库，运输应避免暴晒和雨淋。

鲜 奶 运 输 车

产后——溯源管理
追溯制度应建立，召回处理常演练

产地

身份信息

运输

（1）溯源
应建立追溯制度，如实记录生产过程，采取有效手段对产品进行溯源。

（2）召回及处理
应建立产品召回制度，不合格的产品应及时召回，并进行相应处理。

养殖过程检查

定期要把过程查，规范生产排隐患

隐患

畜禽
养殖安全

抗生素

呋喃丹

......

图书在版编目（CIP）数据

漫谈标准化生产与质量安全控制 . 畜禽养殖篇 / 北
京市农产品质量安全中心编 . -- 北京：中国农业科学技
术出版社，2022.11
　　ISBN 978-7-5116-6080-0

　　Ⅰ.①漫… Ⅱ.①北… Ⅲ.①畜禽—养殖—标准化 ②
畜禽—养殖—质量控制—标准化 Ⅳ.①S3

中国版本图书馆 CIP 数据核字（2022）第 235047 号

责任编辑　任玉晶
责任校对　李向荣
责任印制　姜义伟　王思文

出 版 者　中国农业科学技术出版社
　　　　　　北京市中关村南大街 12 号　　邮编：100081
电　　话　（010）82106641（编辑室）　（010）82109702（发行部）
　　　　　　（010）82109709（读者服务部）
传　　真　（010）82106650
网　　址　https:// castp.caas.cn
经 销 者　各地新华书店
印 刷 者　北京建宏印刷有限公司
开　　本　180 mm×195 mm　1/24
印　　张　1.6
字　　数　78 千字
版　　次　2022 年 11 月第 1 版　2022 年 11 月第 1 次印刷
定　　价　48.00 元（全三册）